用实验证明古诗 ①

（全2册）

路虹剑／主编

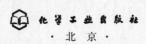

化学工业出版社

·北京·

图书在版编目（CIP）数据

用实验证明古诗：全 2 册 / 路虹剑主编 . —北京：
化学工业出版社，2023.8
ISBN 978-7-122-43515-6

Ⅰ．①用… Ⅱ．①路… Ⅲ．①自然科学 – 少儿读物②
古典诗歌 – 中国 – 少儿读物 Ⅳ．① N49 ② I207.22-49

中国国家版本馆 CIP 数据核字（2023）第 087642 号

责任编辑：龚　娟　肖　冉　　　　装帧设计：王　婧
责任校对：刘曦阳　　　　　　　　　插　画：胡义翔

出版发行：化学工业出版社（北京市东城区青年湖南街 13 号 邮政编码 100011）
印　　装：盛大（天津）印刷有限公司
710mm×1000mm　1/16　印张 14　字数 200 千字
2023 年 10 月北京第 1 版第 1 次印刷

购书咨询：010-64518888
售后服务：010-64518899
网　　址：http://www.cip.com.cn
凡购买本书，如有缺损质量问题，本社销售中心负责调换。

定　　价：98.00 元（全 2 册）

编委会名单

编写人员名单

前言

古诗是中国传统文化中的瑰宝，更是国学中的一种经典体裁。正如我们知道的那样，在我国唐宋时期，涌现出了很多伟大的诗人，如李白、杜甫、白居易等，他们热爱生活，观察细致，富有想象力和艺术创造力，写出了很多经典的诗句，直到今天依然被人们广为传诵。

在我们诵读这些古诗的同时，一幅幅栩栩如生的画面会浮现在脑海中，但与此同时，对于爱思考的同学们来说，也可能会由此产生诸多有趣的问题。

例如，唐代田园山水诗派诗人储光羲的《钓鱼湾》中写道"潭清疑水浅，荷动知鱼散"，诗人俯看潭水清澈见底，给人一种潭水很浅的感觉。但不知道你会不会产生这样的疑问：水的真实深度和我们看到的是一样的吗？别着急，我们可以通过光的传播实验来寻找答案。

再比如唐代著名诗人李白在《望庐山瀑布》中的名句"日照香炉生紫烟，遥看瀑布挂前川"，描绘出一幅美妙的画面——山峰上升起了紫色的烟雾，但是你可能也会思考，为什么会出现"紫烟"呢？这其中是否隐藏着一些科学的原理呢？

再有，你一定听过唐代著名诗人李商隐在《无题》中的名句"春蚕到死丝方尽，蜡炬成灰泪始干"，蜡烛在燃烧的过程中会不断流下"眼泪"，那么蜡烛流下的"泪水"究竟是什么物质呢？为什么吹灭蜡烛的时候，我们还可能会看到白烟？白烟又是什么呢？同样，我们也可以通过科学的实验来寻找这些问题的答案。

如果你既想了解国学文化中的经典诗句，又善于思考，想用科学的方式来探寻古诗中所描绘的自然现象和场景，就翻开我们为你精心撰写的这本配有丰富有趣科学实验的书。它将带你走进古诗的文化，用实验的方法再现现象，用探究的方法发现其中的秘密。在整个阅读与实践的过程中，你的思考将会不断深入，并且是多角度的。

相信，随着你对古诗中科学知识的了解，你会由衷赞叹：古时，人们在长期的生产生活中是如此善于观察提炼，对大自然有着那么深刻的认识！他们因自己的勤劳与智慧，产生出了诸多的发现和发明，解决了很多实际问题，不断理解自然、征服自然。他们还善于用诗句记录和传承。同学们，这本书会带给你不一样的学习经历，请尽快开始你别样的研究与体验吧！

目录

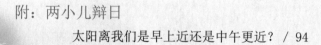

1 花气袭人知骤暖，
　鹊声穿树喜新晴

花的香味和温度有什么关系？

诗词赏析

　　"花气袭人知骤暖，鹊声穿树喜新晴。"这句诗出自宋代陆游的《村居书喜》，原诗为：

红桥梅市晓山横，白塔樊江春水生。

花气袭人知骤暖，鹊声穿树喜新晴。

坊场酒贱贫犹醉，原野泥深老亦耕。

最喜先期官赋足，经年无吏叩柴荆。

"花气袭人知骤暖，鹊声穿树喜新晴。"这一诗句大意为：花香扑人的时候，就知道天气已经变暖和了；天气暖和的时候，喜鹊的叫声会透过树林传出来。

那么"花气袭人知骤暖"这句诗词里是否隐藏着一些科学原理呢？

问题来了

当天气变暖时，为什么花香传播的就更远？

月季花的香气浓郁而且令人着迷！但是，在我们没有靠近它时也能闻到花的香气，这是怎么回事？

花香从哪里来？

对于植物来说，开花是为了结果，而植物鲜艳的色彩和特殊的气味都是为了吸引昆虫传粉。所以人们总能在花丛中看到蜜蜂、蝴蝶等昆虫的身影。花香就是天然的鲜花所散发的有香气的物质。如果你用显微镜对花瓣进行观察，可以观察到花瓣的薄壁组织中的油细胞，而花的香气就来自这里，油细胞能分泌出有香气的芳香油。

　　科学家发现，物质都是由极其微小的微粒构成，这些微粒就是分子。一般分子的直径数量级为 0.0000000001 米，而分子总是在不停地运动，因此，芳香油分子很容易因这种运动扩散到空气里并钻进我们的鼻子里，我们就会感受到缕缕香气了。

　　诗人说，天气变暖，人在很远的地方就能闻到花香。好像在表达温度变高会使花香传得更远，是真的吗？是不是温度高花朵分泌的芳香油分子就运动得更快一些？芳香油分子的运动和温度有什么关系？接下来，我们就通过实验来验证一下吧。

现在，开始动手实验吧

在接下来的实验中，我们先来模拟一下早晨和中午闻花的情景，看看你能发现什么。

实验准备:

热水、冷水、2 个玻璃杯、2 个塑料瓶、1 朵香水百合花。

实验步骤:

首先在两个塑料瓶中分别放入两瓣香水百合花瓣，并拧好瓶盖。

再将相同量的热水和冷水分别加入 2 个玻璃杯中，将装有花瓣的 2 个塑料瓶分别放入这两个玻璃杯中。

5 分钟后，先快速打开冷水杯中的塑料瓶盖，闻一闻花香；再打开热水杯中的塑料瓶盖，闻一闻花香。注意两次闻香气时，塑料瓶离鼻子要有一段距离，且两次距离要一样。

注意：
1. 加入两个玻璃杯中的水要一样多。
2. 使用热水时一定注意安全。

你发现了吗？冷水中塑料瓶里散发着淡淡的花香，热水中的塑料瓶里花香更浓郁一些。原因是当水温高时，塑料瓶中花瓣分泌的芳香油分子就像我们吃饭获得能量一样，从热水中获得能量，分子运动加快，扩散的速度就快了。当打开瓶盖时，就会有很多的芳香油分子溢出，于是你就能闻到浓郁的花香了。

花香只能闻到，却看不到。如何能够看到温度对芳香油分子的运动所产生的影响呢？我们再来模拟一个实验吧！用不同的水温来模拟气温的高低，用红墨水模拟花朵分泌的芳香油分子。

扫码看实验

实验准备:

热水、冷水、2个
放水的烧杯、2个滴管、
红墨水。

实验步骤:

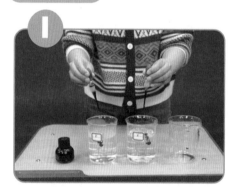

用滴管同时在装有同样多的冷
水和热水的玻璃杯中滴入等量红墨
水,然后观察红墨水扩散的情况。

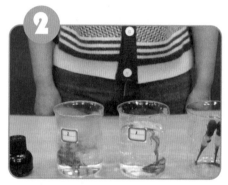

滴入红墨水后,你能看到热水
中的红墨水快速地扩散,不一会儿,
装热水的玻璃杯里的水几乎都快变
红了。很明显,热水中红墨水扩散
得更快一些。

如果在电子显微镜下观察实验现象,
可以看到红墨水其实也是由分子构成。
当水温高时,这些分子从热水中获得能
量,所以你就能看到热水中红墨水扩散

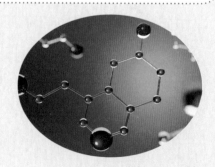

得更快一些，在同等的时间下扩散得更远。

　　通过前面的实验发现，正如诗人陆游感受到的，天气变暖时，花香传播得就更远。

科学小发现

　　芳香油分子的无规则运动叫"分子的热运动"。而温度越高，分子运动就越剧烈。比如在一天当中，中午的温度通常比早晨要高很多，所以在中午的时候，不用靠近花丛往往就能闻到花香，比清晨闻到的要浓郁很多。

1. 生活中还有哪些现象能说明温度越高，分子的运动速度越快？

2. 找一找生活中利用温度与分子运动关系解决实际问题的实例。

比如：天气变暖，很多人容易花粉过敏，你可以给他们提一些建议吗？

2 坐对当窗木，
　　看移三面阴

影子到底在哪三个方向移动？

诗词赏析

"坐对当窗木，看移三面阴。"这句诗出自唐代段成式《闲中好》，

原诗为：

闲中好，尘务不萦心。

坐对当窗木，看移三面阴。

原诗描述了这样的情景：人处在闲中真好，不因尘俗之事而烦恼。久久地闲坐，对着窗前的树木，赏玩着树移动的影子，观其三面之变化，直到树影缓缓地消失。

这是一首闲适诗，让我们读出了诗人内心的恬淡，也感受到他如此热爱生活，善于观察的生活态度。

一天中，阳光下物体的影子向哪三个方向移动？为什么？

诗人通过观察发现，一天中树的影子会向三个不同的方向移动。会向哪三个方向移动呢？为什么会有这样的现象？

要想知道是哪三个方向，你可以在一天中每隔一段时间对影子进行一次观察，然后把观察到的结果画一画或拍照记录下来。

时间	方向
8:00	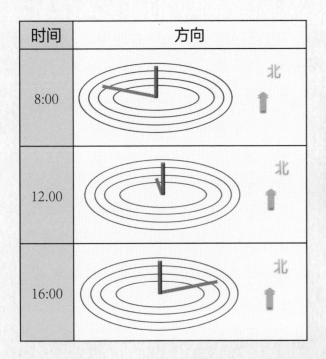
12.00	北
16:00	北

从观察记录的影子中，你一定找到了诗人说的三个方向：西—北—东。为什么会是这三个方向呢？影子的变化和什么有关？

通过分析你一定发现了，观察物的位置一直没有变化，而影子的方向由西到东，太阳的方向却是从东到西。这说明影子的变化与太阳的运动方向有关，并且早、晚影子的移动方向与太阳的运动方向刚好是相反的。那在正午时影子指向北，太阳的方向又在哪边呢？

按照早晚影子方向与太阳方向相反这个现象，是不是可以推想：中午时太阳应该在南边，才可能出现影子在北的情况。事实是不是这样呢？

除了外出观察，我们还可以通过实验来证明。

现在，开始动手实验吧

扫码看实验

在接下来的实验中，我们将会通过实验来模拟太阳和影子的关系。

实验准备:

手电筒、木棍。

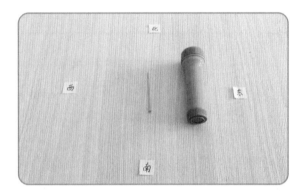

实验步骤:

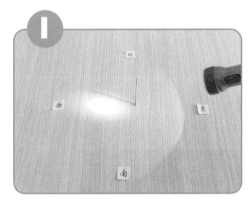

在实验中，用手电筒模拟太阳，再用一根木棍模拟树，并在桌子的四面标记出"东、南、西、北"四个方向。

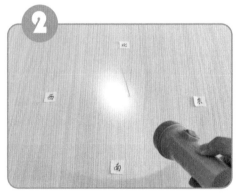

当你从东到西移动手电筒时，在中午时刻要让影子指向北，仔细观察手电筒此时在什么方向?

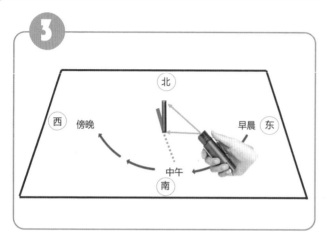

3

通过实验可以发现，在中午时段，要让影子的方向在北，手电筒必须出现在南。当手电筒从东到南再向西模拟太阳转动时，影子就会从西向北再向东移动。这与阳光下看到的树影一致。

手电筒的位置变化就是太阳的运动情况。这说明太阳的方向与影子的方向是完全相反的。这又是怎么回事？

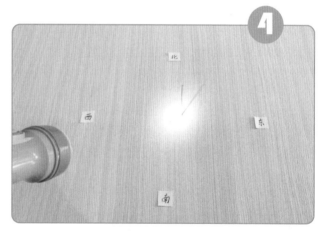

4

为什么影子总在太阳相反的方向出现？

　　这是因为太阳的光在空气中沿直线传播。当它遇到不透明的大树等物体时，就会被阻挡住，从而在物体的另一侧出现阴影。所以光源与影子的方向就是相反的。

科学小发现

千年前，一位诗人于一扇轩窗前坐看树影缓缓移过：西—北—东三个方向，而此时一日的时光也就这样消逝了。

千年后，我们从诗句里读到了光阴不可辜负，也读懂了光阴里的科学：

一天中，太阳从东边升起来，经过南，再从西边落下。阳光下不透明物体的影子就会出现在西边，再缓慢移动到北，最后到东。由于光在空气中沿直线传播，所以，阳光与影子的方向相反。

1. 诗人看到影子的方向是从西向北，再向东。那在地球上不同地区也是这样吗？怎样才能作出科学的判断？

2. 你一定注意到，阳光下物体影子的长短也在有规律地变化，为什么会出现这种现象呢？

3 落红不是无情物，化作春泥更护花

飘落的花瓣能化作护花的春泥吗？

诗词赏析

　　"落红不是无情物，化作春泥更护花。"这句诗出自清代龚自珍的《己亥杂诗》第五首，原诗句为：

　　　　浩荡离愁白日斜，吟鞭东指即天涯。

　　　　落红不是无情物，化作春泥更护花。

原诗的大意是：离别的愁思如水波向着日落西斜处延伸，马鞭向东一挥感觉人在天涯。从枝头上掉下来的落花不是无情之物，即使化作春泥，也甘愿培育美丽的春花成长。

在这首诗中，落红，本指脱离花枝的落花，花朵凋落通常被视为自然界的客观规律，但在诗人笔下，却被赋予了一种"无私奉献"的精神，事实真是如此吗？

问题来了

纷纷飘落的花真的能化作春泥更护花吗？

每年暮春与晚秋便迎来了花、叶纷飞的时节。这些落到地面的花、

叶会发生什么变化？真的如诗人所说：会随着时间流逝变成肥料，保护滋养植物生长得更好吗？

　　你可以到家门口的绿地或自家的种植园中，取一些泥土作标本进行研究，看一看这些种植植物的泥土中，到底有些什么。

　　在收集泥土时，你需要准备铁锹、小碗等工具，当然也可以用别的工具代替。如果你是在春天采集土壤，找一块表面覆盖着层层花瓣的土地，刮去 1 厘米厚的泥土表层，再垂直深挖一些土壤做标本。收集好标本后，你可以：

小 提 示

1. 不要破坏植物。
2. 取完标本要尽量将地面恢复原样。
3. 注意自己的安全。

① 先用眼睛看一看，用手摸一摸，用鼻子闻一闻；

② 再找一找并观察土壤里的落花、枯枝或者叶子是什么样子的，有什么变化。

从这些土壤标本中你也许会发现：

1. 含有小石子、大小不同的沙粒，潮湿的土壤还会含有一些水分；

2. 含有不完整的，甚至已经腐烂的树枝、草根、枯叶、花瓣，这些植物的残体颜色、形状、气味都与生长时不同；

3. 有些土壤标本里还能看见小虫子，比如蚯蚓、蚂蚁等，有时是活着的，当然有时也会看到死去的虫子或是它们身体的某些部分。

看来，落花、落叶入土后，会逐渐开始腐烂。那么，腐烂后变成什么样？怎样才能看到？让我们通过实验来寻找答案吧。

现在，开始动手实验吧

扫码看实验

　　在接下来的实验中，我们需要仔细观察土壤的组成，不过首先我们需要做好准备。

实验准备：

　　土壤、装有水的透明杯、搅拌棒、镊子、滴管、滤纸、放大镜。

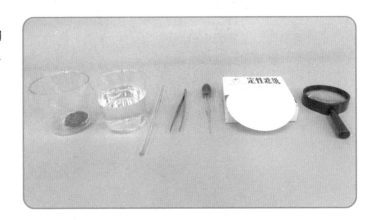

实验步骤：

1

　　首先把采集到的土壤放入水中。

2

　　然后用搅拌棒搅拌充分，让水把泥土分离开，静置一段时间（30分钟或更长时间），这样就更容易观察到一些细小的微粒成分了。

观察发现，土壤被水分层后，沉在最下层的是沙粒，悬浮在水中层的是黏土，漂浮在水面上的有一些微小颗粒。

用滴管吸出水面上的颗粒，滴在滤纸上观察，发现这些颗粒呈黑褐色。

这些黑褐色的颗粒是土壤中的腐殖质。那么，花叶的残体颗粒也会在这里面吗？

注意：别忘了观察一下水面上的漂浮物哦！

那么，接下来，我们需要再进一步实验观察：落花、落叶变成土壤中的腐殖质了吗？

扫码看实验

实验准备:

土壤、透明杯、
花瓣若干、花园铲。

实验步骤:

取一些土壤，去掉其中腐烂的
植物残片、石块等物质，将剩下的
土壤放入两个杯子中。

接下来，在其中一个杯
子的土壤中加入一些花瓣，
另一个不加。

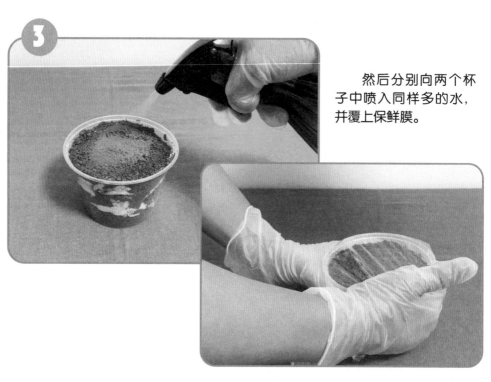

然后分别向两个杯子中喷入同样多的水，并覆上保鲜膜。

最后将两个杯子放在温暖且阴暗的地方，每天摘掉包裹杯子的保鲜膜，观察这两个杯子中土壤的变化。

10 天之后，土壤中的花瓣逐渐腐烂，与之前观察的土壤中的花、叶形态相似。继续观察会怎样？

腐殖质是如何产生?

　　花瓣、树叶等掉落后，有很多在土壤中生活的小动物，比如蚯蚓、蚂蚁和蜗牛等，会将它们撕裂或粉碎；同时土壤中的微生物在一定的温度和湿度条件下，会将破碎的残体腐化分解成土壤中的呈黑褐色的胶体物质，即腐殖质。

　　在腐解过程中产生水和二氧化碳，可以被植物光合作用时利用；还能产生植物生长所需的各种养分，这些养分被植物的根重新吸收利用后，能让植物茁壮成长，这也说明了生命是一个循环过程。

　　随着时间的推移，在合适的环境下，落入泥土中的花、叶会一点点腐烂，直到最后变成深色的小颗粒——腐殖质，它们变成护花的肥料，成为土壤中的一部分。

　　诗人写此诗时，正是离开京城之际，他将自己比作"落红护花"，表明自己虽脱离官场但仍不忘报国之志，愿为国为民尽自己一份心力。

开动脑筋想一想

1. 当天气渐凉，城市道路中会有大量的落叶。这些落叶是垃圾还是肥料？清洁工人会怎样处理这些"绿化垃圾"呢？

2. 家里的"厨余垃圾"能变成肥料吗？你能不能设计一个方案来实现呢？

4 春潮带雨晚来急，
   野渡无人舟自横

没人管的小船在水流中会横过来吗？

诗词赏析

"春潮带雨晚来急，野渡无人舟自横。"出自《滁州西涧》，是唐代诗人韦应物于唐德宗建中二年出任滁州刺史期间所作。全诗为：

独怜幽草涧边生，上有黄鹂深树鸣。

春潮带雨晚来急，野渡无人舟自横。

这首诗的大意是：唯独喜爱涧边生长的幽幽野草，还有那树丛深处婉转啼唱的黄鹂。春潮不断上涨，还夹带着密密细雨，荒野渡口寂静无人，只有一只小船悠闲地横在水面。

这首诗描写了作者春游滁州西涧赏景和晚潮带雨的野渡所见，非常优美，不过诗句中也有一些和科学有关的问题，你注意到了吗？

一条没人管的小船会横在水中吗？它在水中是怎么运动的呢？

生活中，人们常见的景象是空中的旗子随风飘扬，水中的水草随波荡漾。流水中的小船一定是横着而不是顺着水流吗？

如果你去河边观察过停泊的小船或者恰好生活在江河边，你就会看到木船竹筏在停泊时都是垂直于堤岸的。看来，诗人描述的"野渡无人舟自横"的这种景象或许是真实存在的。

长江航道上常见的浮动航标放在用锚定位在江面的小舟上，小舟静止的方位却是顺着水流方向的。

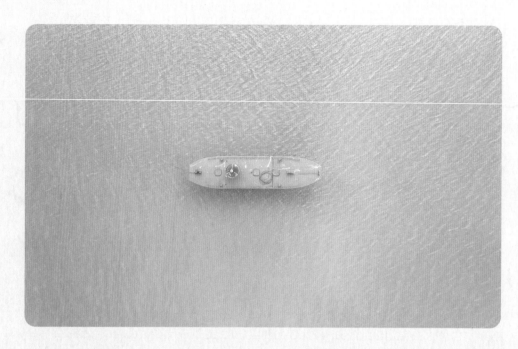

　　这么看来一条没人管的小船可以横在水中也可以纵在水中。这到底是怎么回事儿呢？

> 　　要想了解这个问题，我们需要再回忆一下这首诗。诗人看到"野渡无人舟自横"的情景是在雨后水势湍急的河面上，这条无人看管的小船独自横在岸边，由于受到缆绳的限制，船头部不能离岸，只能尾部偏离；而顺着水流方向停泊的浮动航标小船是被锚定在水流中部的，离岸比较远，船体能够自由地转动。
>
> 　　水流的情况是怎样的呢？通常情况下，靠近岸边的水流速度要慢一些并且流速不均匀；而离岸较远的水流中部水流速度要快一些，并且流速均匀。

　　那么诗人看到"野渡无人舟自横"的现象，跟船的约束条件和这里的水流速度是否有内在联系呢？同样，我们也可以通过实验来研究一下。

现在，开始动手实验吧

扫码看实验

在接下来的实验中，为了进一步理解"野渡无人舟自横"跟船的约束条件和水流速之间的关系，我们可以用浴盆、塑料小船来模拟诗词中的场景。

实验准备：

塑料小船、浴盆、水、线绳。

实验步骤：

把塑料小船按照不同的约束条件停泊在水流的不同位置时，就会看到小船在流水中的状态，让我们一一记录下来。

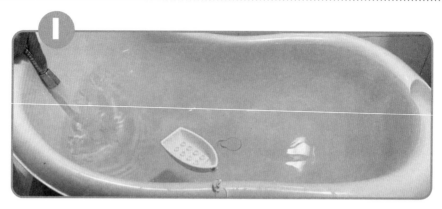

在保证浴盆平稳的情况下把浴盆的一端垫高一点，打开水龙头模拟流水（想办法使水从浴盆垫高一端的中间流入）。

把线绳一端固定在小船头部，将绳的另一端依次固定在浴盆一边和底部中央，观察两种情况下小船在水中的状态。

把线绳一端固定在小船底部中间，将绳另一端依次固定在浴盆一边和底部中央，观察两种情况下小船在水中的状态。

示意图	停泊位置 （约束条件）	船的状态
	岸边 （船头约束）	
	水流中部 （船头约束）	
	岸边 （船底中心约束）	
	水流中部 （船底中心约束）	

　　当我们做完实验之后，再仔细看一下上面的实验笔记，你发现什么规律了吗？

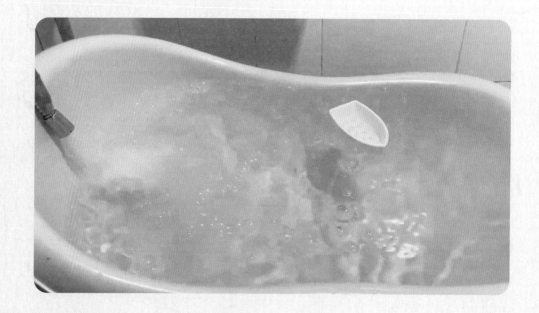

根据实验，一条没人管的小船，在水中的纵横状况与船的约束条件和停泊点的水流速是否均匀分布有关系：

船头约束的小船停泊在岸边就会横在水中；

船头约束的小船停泊在水流中部就会纵在水中；

船底中心约束的小船停泊在岸边会横在水中；

船底中心约束的小船停泊在水流中部也会横在水中。

为什么会出现这样的结果呢？"野渡舟自横"这种现象背后的科学原理其实是流体力学。

野渡舟自横的科学原理

　　首先来说，水具有一定的黏滞性，尽管黏滞性比较小，但在河水绕船流动的过程中，水流对船的总体作用力方向并不是顺着水流动方向的，它存在垂直于水流方向的分力，这个分力使船离岸。

　　但是停泊在岸边的船的运动受到缆绳的端点约束，船头不能离岸，所以缆绳的拉力就和这个分力平衡而使船自横。

　　另外，河中水流速度分布不均匀也是"舟自横"现象出现的重要条件。如果把这条小船停泊在水流中部，周围水流速度分布基本上是均匀的，那么这种条件下出现的将是"舟自纵"而不是"舟自横"了。

开动脑筋想一想

1. 没有约束的小船在流水中是怎么运动的？是横还是纵，或是随波逐流？真的会"船到桥头自然直"吗？可以仿照模拟实验中的做法进行尝试。

2. 既然船在水流中总是有被推向横在水里的趋势，所以如果船只有向前的动力，它是很难按照自己想要的方向前进的。那么你平时看到的船都是用什么方式来控制自己的方向呢？

5 磁石引铁，于金不连

磁铁真的只能吸引铁这一种金属吗？

诗词赏析

"磁石引铁，于金不连。"出自三国时期魏国曹植《矫志》，原文（节选）如下：

芝桂虽芳，难以饵烹。

尸位素餐，难以成名。

磁石引铁，于金不连。

大朝举士，愚不闻焉。

抱璧涂乞，无为贵宝。

······

磁石是自然界有磁性的石头，"金"并不是我们现在所指的黄金，而是指黄铜。"磁石引铁，于金不连。"的大意是：磁石能够吸引铁，而不能吸引黄铜。

《淮南子·说山训》中也曾提到过："磁石能引铁，及其于铜则不行也。"

那么，这句诗是否存在一定的科学道理呢？

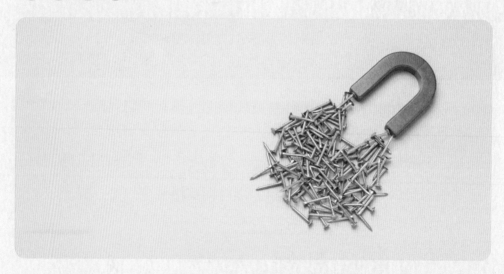

问题来了

你可能对磁铁并不陌生，那么磁铁只能吸引铁吗？别的金属可以吗？

古人对磁石的认识

先秦时代我们的先人就已经积累了许多这方面的认知，在探寻铁矿时常会遇到磁铁矿，即磁石（主要成分是四氧化三铁）。《管子》中最早记载了这些发现："山上有磁石者，其下有金铜。"

其他古籍如《山海经》中也有类似的记载。那时的人称"磁"为"慈"，他们把磁石吸引铁看作慈母对子女的吸引，并认为："石是铁的母亲，但石有慈和不慈两种，慈爱的石头能吸引其子女，不慈的石头就不能吸引了。"

汉代以前人们把磁石写作"慈石"，是慈爱的石头的意思。公元前 3 世纪，也就是 2200 多年以前的春秋战国时期，在《吕氏春秋》这部古典名著里，就有"慈石召铁"的记载，意思是说"慈石可以吸引铁"。

　　现在的问题是，如何才能知道磁铁对其他金属有没有吸引力呢？

　　我们可以找来不同的金属去试一试，但是生活中只含一种金属的制品较少，大部分是合金制品。那我们就可以从不含铁的物品入手，第一步先查阅一下它们的成分，第二步进行实验，第三步再根据结果比较不同的成分，利用排除法就知道磁铁是否可以吸引其他金属啦！

扫码看实验

现在，开始动手实验吧

在接下来的实验中，我们可以先找一找身边的金属物，然后观察磁铁对不同金属的吸引能力。

实验准备：

铂、金、银、铝、铜等纯金属物，磁铁，五角（2019 年以前发行的版本）和一元硬币各一枚。

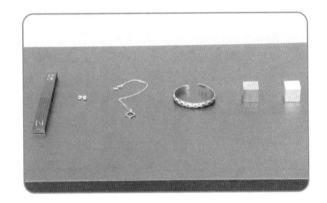

实验步骤：

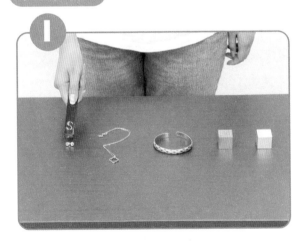

首先用磁铁测试一下纯金属物。如果这些纯金属物没有被磁铁吸引，就能证明它们和磁铁之间没有吸引力，如果被吸引了，说明这种金属和磁铁之间有吸引力，能够被磁铁吸引！

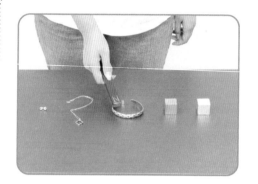

金属物	能否被磁铁所吸引
铂	
金	
银	
铝	
铜	

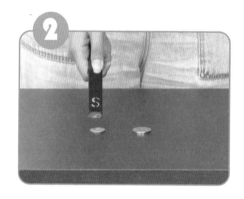

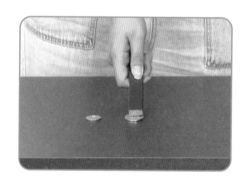

做好记录后，接下来，再来测试一下不同合金能否被磁铁吸引。比如一元和五角硬币，它们的成分中不止有一种金属，再用磁铁试试吧！

硬币版本	所含金属成分	是否能被磁铁吸引
一元硬币	含镍（niè）	
五角硬币	不含镍	

根据实验的结果，我们可以判断一元硬币被磁铁吸引了，五角硬币不能被吸引，所以能被磁铁吸引的金属，就是其中的镍啦！

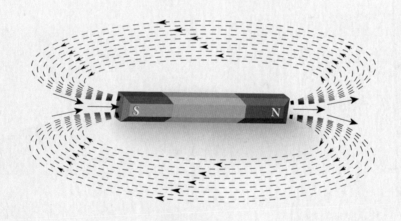

　　磁铁的成分是铁、钴（gǔ）、镍（niè）等原子，能够产生磁场，具有吸引铁磁性物质的特性。我们也知道，并不是所有元素周期表中的元素组成的物质都具有磁性，具有这样性质的物质并不多，其中铁、钴（gǔ）、镍是最常见的，还有稀土元素钆（gá）等，这些物质我们统称为铁磁性物质，它们都能被磁铁吸引，而其他金属则不能被吸引。

开动脑筋想一想

1. 如何自制磁铁呢？物体被磁铁吸引，一段时间后就会被磁化，就能够具备磁性啦！我们常见的条形磁铁和蹄形磁铁就属于人造磁铁，那你能自制一个磁铁吗？需要什么材料？

2. 自制的磁铁有什么作用呢？指南针就是磁铁最常见的应用之一，你的磁铁能不能指南北？赶快查找一下指南针的原理，你就能找到其中的奥秘哦！

6 夕阳返照桃花坞，柳絮飞来片片红

白色的柳絮怎么变成了红色？

诗词赏析

"夕阳返照桃花坞，柳絮飞来片片红。"这句诗出自清代著名书画家、扬州八怪之首金农之手，全诗为：

廿四桥边廿四风，凭栏犹忆旧江东。

夕阳返照桃花坞，柳絮飞来片片红。

这首诗描述着这样一幅景象：站在二十四桥边吹风，靠着桥的栏杆忆起昔日的江东之事；火红的夕阳照射到桃花坞，白白的柳絮变成淡红色，片片飘落，好看极了。

不过在我们细读这首诗的时候，有一个有趣的问题，你发现了吗？

问题来了

明明是白色的柳絮，为什么在诗人的眼中，却变成了红色呢？

有的同学说了，柳絮颜色变红是因为夕阳照射的缘故，夕阳的光是红色的。还有的同学认为这是桃花的原因，桃花是红色的，反射出红光。

是啊，究竟是什么原因让本是白色的柳絮看起来是红色的呢？这就得从太阳光的颜色和我们如何看到物体的颜色开始讲了！

颜色是如何产生的？

自然界的色彩都与光联系在一起，光是大自然的"化妆师"。我们平时常见的太阳光，实际上是由红、橙、黄、绿、蓝、靛、紫七种单色光组成的。

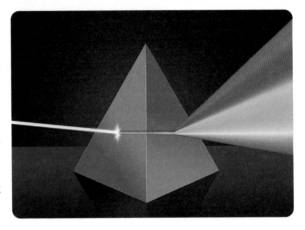

透明物体的颜色是由透过的色光决定的。当太阳光通过透明物体时，透明物体能透过什么颜色的光，就是什么颜色。

不透明物体的颜色是由反射的色光决定的。当太阳光遇到不透明物体时，不透明物体是什么颜色，就能反射什么颜色的光。比如太阳光照在一张绿色的纸上，绿纸会反射太阳光里的绿色单色光，其他颜色的单色光会被吸收掉，于是我们就看到这张纸是绿色的。

让我们回到诗句当中，仔细回忆一下这首诗，诗人看到"柳絮飞来片片红"的场景，是发生在一个特殊时间段里的特殊地点的，即夕阳西下时的桃花坞。这种"柳絮飞来片片红"的场景，跟此时的阳光或者这里的桃花有什么关系呢？

接下来，让我们通过实验寻找答案吧！

现在，开始动手实验吧

在接下来的实验中，我们会模拟诗中的场景，看看柳絮是不是真的能变红。

实验准备：

红光手电筒、普通白光手电筒、棉絮若干、红纸、白色背景墙。

小提示

实验中我们用棉絮代替柳絮。同样，在普通手电筒前面罩上红色透光纸，也可以模拟红色单色光哦。

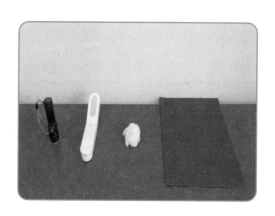

实验步骤：

先用红光手电筒照射白墙和棉絮，可以看到墙壁和棉絮等都呈现出了红色。

原来，夕阳西下时阳光中大量的红光可以把柳絮"染红"啊。接下来，让我们用红纸来模拟桃花坞里大片的桃花，看看会有怎样的效果。

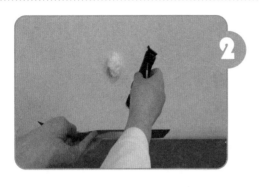

同样，将棉絮贴墙上，把红纸放置在棉絮的前面，打开红光手电筒照射红纸，棉絮也变成了红色。

我们可以发现，红光通过红纸反射在棉絮上，棉絮也变成了红色。看来，桃花坞的红色桃花，可以反射夕阳光中的红色光，映照在飞舞的柳絮上，使得柳絮呈现红色。这是不是表明，"柳絮飞来片片红"这一现象和附近大片的桃林也有关系呢？

那么，夕阳光下，桃花坞中的柳絮会"变红"，那白天普通光照情况下，柳絮会"变红"吗？让我们进行下一步的实验验证一下吧。

用红纸来模拟桃花坞里大片的桃花，将红纸放置在棉絮的前面，然后用普通白光手电筒照在红纸上，会有什么效果呢？

调整好角度，我们发现此时红纸也可以反射白光中的红色光，映照在棉絮上，棉絮也可以被"染红"。

如果我们将第 3 步的红纸换成白纸，还是用白光手电筒照射，效果还会是一样的吗？你可以试一试。

看来，"柳絮飞来片片红"这一现象和附近大片的桃林也有关系啊！

科学小发现

　　白色物体能够反射所有颜色的单色光。实验中的棉絮和柳絮一样，能够反射夕阳光中的红色单色光，也能反射由桃花反射后的红色单色光。

　　通常，我们看到的太阳光是白色的，之所以夕阳的光显得更接近于红色，是因为日落时分阳光是斜射的，穿透的大气层较之白天其他时段有所增厚，而红、黄色光的波长较长，穿透能力较强，其他波长较短穿透能力较差的色光光线大部分都被散射掉了，所以，夕阳西下时的阳光看起来比较红。

　　人们能看到物体的颜色，是因为物体反射了跟它一样颜色的色光，吸收了其他颜色的色光。柳絮是白色的，白色物体能够反射所有颜色的色光。

　　所以，诗人看到"柳絮飞来片片红"的场景，首先是因为夕阳中的红色光映照在柳絮上，白色的柳絮反射了夕阳中的红色光到我们的眼睛里，所以柳絮呈现出了红色；其次是因为诗词所处环境是桃花坞，有大片的桃林，桃花是红色的，它们本身会反射夕阳光中的红色光，这些光线映照在柳絮上，白色的柳絮也会反射这部分红色光到我们的眼睛里。以上都是我们能够看到"柳絮飞来片片红"的原因。

1. 用彩笔在白色纸片上画出一些五颜六色的斑点、线条、色块等，然后转动纸片，观察一下颜色有什么变化？

2. 有没有这样一种材料，可以不反射也不吸收任何颜色的单色光，能够在特定场合不被别人看到呢？比如战争中用于战士隐蔽的隐身衣。开动脑筋，调查和思考一下吧！

7 水气多为雨，人烟远是云

"人烟"和云是同一种物质吗？

诗词赏析

　　"水气多为雨，人烟远是云。"这句诗出自唐代诗人戴叔伦《江干》一诗，全诗为：

<blockquote>

江干望不极，楼阁影缤纷。

水气多为雨，人烟远是云。

</blockquote>

予生何濩落，客路转辛勤。

杨柳牵愁思，和春上翠裙。

　　"水气多为雨，人烟远是云"，其中"人烟"即炊烟，这句诗的意思是水气多是下雨的前兆，炊烟从远处看像是云。是不是很有意境？

　　不过，这句诗里有一个值得思考的问题，你发现了吗？

炊烟是什么？它和云是同一种物质吗？

很多小朋友都听过一个词，就是"炊烟袅袅"，指的是烹制饭菜形成的烟气，它会徐徐上升并随风消散。但这里的烟我们认为可能会有两种：其中一种是人们做饭时烧柴火从烟囱里冒出的烟，一般情况下这种烟都比较淡，呈现为白色；另一种是人们烧煮食物时所冒出来的"烟"，也呈现白色。两种"白烟"远看都跟云很相似，但它们是同一物质吗？

烧柴火有些危险，我们先来研究第二种"烟"。

那么炊烟到底是什么物质呢？古人怎么就会认为远看炊烟就是云了？它们是水蒸气还是什么呢？

你是否思考过，水蒸气属于气体，气体是通过眼睛可以看得到的吗？看来我们不能简单地主观判断，还是要通过实验仔细观察，弄清楚炊烟到底是什么物质。

现在，开始动手实验吧

接下来的实验里我们需要做些准备。

实验准备：

电水壶、水、冰袋、热水袋。

实验步骤：

为了观察，首先需要制造一些炊烟：用电水壶烧水，模拟蒸煮食物，等到从壶嘴冒出"炊烟"，开始仔细观察，你发现了什么呢？

你看到了吗？随着水温的升高，在壶嘴或壶口处会出现白烟。但是再仔细观察，会发现白烟在壶嘴上方的一段距离处才出现，在白烟和壶嘴之间有一段空隙。

水蒸气是水的气体形态。当水达到沸点时，水会快速变成水蒸气。水蒸气是一种无色、透明、无气味、无味道的气体。水蒸气遇冷时，会凝结形成小水珠。

由此，我们可以推测壶嘴上方与白烟之间的空隙应该就是烧水冒出来的水蒸气，而水蒸气继续向上升，升到一定高度时，遇到冷的环境就凝结成小水珠，因此，"炊烟"可能就是烧煮食物时候冒出来的水蒸气遇冷后凝结成的小水珠。

那么，怎样验证我们的判断是否正确呢？如果白烟就是水蒸气凝结成的小水珠的话，没有遇到冷的环境，白烟就应该不会形成。我们继续做实验反证一下！

接下来往壶里装入 500 毫升的水加热，水逐渐变热，会有更多的水蒸气产生。

注意：不要烫到手哦！

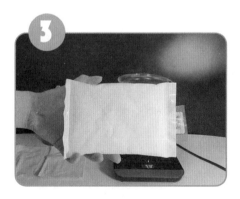

然后用冰袋模拟冷环境，慢慢接近壶嘴处，你发现了什么？再用热水袋模拟热环境，慢慢接近壶嘴处，看看你又发现什么呢？

如果将冰袋放在壶嘴或壶口上方，会出现白烟，移走冰袋，白烟就消失；反复几次，出现相同的现象。说明空隙处聚集着很多水蒸气，而白烟就是这些水蒸气遇冷凝结成的小水珠。

如果将热水袋放在壶嘴或壶口处，白烟就没有出现，反复几次，结果相同，说明空隙处的水蒸气没有发生凝结现象，也就不会出现白烟了。

通过对比实验，我们发现用冰袋靠近壶口，有白烟出现，冰袋的表面会出现小水滴；但是用热水袋靠近壶口，没有明显白烟出现，热水袋上也几乎没有小水珠出现。

科学小发现

此处的"炊烟"就是烧煮食物时冒出来的水蒸气遇冷凝结成小水珠，飘浮到了空中。而自然界中的云和雾，其实也是水蒸气遇冷形成的小水珠。

相信大家都看到过山峰上

缭绕着云的景象，当我们爬到山顶，置身于云海中时，我们会发现周边都是白雾。云和雾是自然界中的水蒸气遇冷凝结而成的小水珠或者小冰晶，在高空处形成就称之为云；低空处形成就称之为雾。

而人们做饭烧柴火时，从烟囱中有时也会冒出白烟，这又是怎么回事呢？这种炊烟可不全是水蒸气，它的主要成分是细小的碳颗粒和其他杂质。

在阳光明媚的情况下，由于反射光线充足，当炊烟浓度低时，看上去就是白色的；当炊烟浓度较高时，看上去是青灰色的；当炊烟浓度很高时，就会呈现黑色。同学们要分清楚，这种白烟和云并不是同一种物质。

开动脑筋想一想

1. 你知道乌云的出现预示着什么天气的来临吗？如果说云是小水珠，那乌云为什么是黑色的？

2. 日常生活中，我们常常会看到白色的云，如右图所示，彩色的云是怎么回事呢？

8 潭清疑水浅，
　　荷动知鱼散

潭水清澈见底说明水很浅吗？

诗词赏析

　　"潭清疑水浅，荷动知鱼散。"这句诗出自唐代田园山水诗派代表诗人储光羲的《钓鱼湾》，诗中写道（节选）：

　　　　垂钓绿湾春，春深杏花乱。

　　　　潭清疑水浅，荷动知鱼散。

　　诗的第一句是作者对春天来钓鱼湾垂钓的一个景色描述：满眼春色，绿意盎然，树上的杏花开得繁密纷乱。

　　诗中第二句的意思是俯看潭水清澈见底，因而怀疑水浅会没有鱼来上钩；忽然见到荷叶摇晃，才知道水中的鱼受惊游散了。

潭水清澈见底，就说明水很浅吗？

潭水清澈见底，是一幅很美的画面，作者在诗中进一步从这个景象转向一个认知层面的表达，认为用眼睛感受到的深浅，就是水实际的深浅，因此怀疑水太浅，不会有鱼来。

但是，我们都有玩水的经历，当人站在游泳池或者清澈的溪水中，俯看水下，会发现自己的腿好像变短了。因此，诗中的景象真的是水就那么浅，还是一种错觉呢？这其中又有怎样的奥秘呢？下面让我们一探究竟！

现在，开始动手实验吧

扫码看实验

接下来，我们先通过实验来模拟诗中的场景，看一看会不会出现"变浅"的错觉。

实验准备：

陶瓷碗、硬币、双面胶、装有水的玻璃杯。

实验步骤：

将硬币放在陶瓷碗里并用双面胶固定，用眼睛目测硬币所处的深度。

然后向陶瓷碗中倒多一半的水，之后用眼睛目测硬币所处的深度。

你是不是觉得硬币的位置变浅了？如果感觉不是很清楚的话，可以按照下面的步骤进行操作。

同样，将硬币放在陶瓷碗底并固定。然后从陶瓷碗上方向下看，调整身体位置，使看到的陶瓷碗边缘正好挡住硬币，此时你是看不到硬币的。

接下来，保持观察的位置不变，向陶瓷碗里倒水直至接近倒满。

当水即将倒满时，硬币会逐渐出现在我们的视野内，此时你是不是会明显地感觉到，硬币在陶瓷碗里的位置变浅了？

其实在这个观察实验中，我们不仅感觉硬币所处水下位置变浅了，还发现硬币从看不见到看得见，其位置也似乎改变了，可是它的确是固定在碗底的啊，这其中到底是什么原因呢？

很多同学都知道，光在空气和水中都是沿直线传播的。但在上面的实验中，硬币反射进我们眼睛的光要经过水和空气两种物质进行传播，这当中发生了什么？

接下来，我们再做一个实验，用激光笔向水下倾斜照射，看一看光线在水中传播时发生了什么。

扫码看实验

实验准备：

　　方形透明水槽、水、激光笔、橡皮泥、记号笔、牛奶、玻璃棒。

实验步骤：

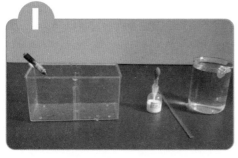

　　用橡皮泥将激光笔倾斜固定在水槽上，打开激光笔，照射在空的水槽中，用记号笔在水槽外壁记下光斑的位置。

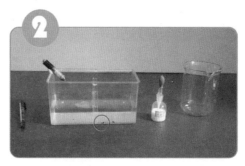

　　保持激光笔的位置，向水槽倒入一定量的水，再用记号笔在水槽外壁记下光斑的位置。

　　这时，你会发现记录的两个位置并没有重合，说明光在水中的传播方向发生了改变。

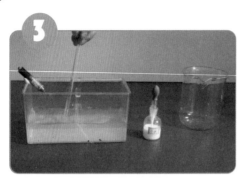

如果此时我们往水中滴入几滴牛奶，然后用玻璃棒搅拌一下，你会发现什么？

你会明显看到光在水下传播的路径发生偏折，与在空气中的传播路径不在一条直线上。

科学小发现

诗人看到"潭清疑水浅"的场景，其实就是潭底景物反射的光在从水中进入空气中时，方向发生了偏折，导致看到的景象位置往上方移动了，感觉水变浅了。

由此可见，诗词里潭水的水底看起来比较浅，并不是真的那么浅，而是由于光的折射现象让人的视觉产生了错觉。

当然，诗人用了"疑"这个字，说明诗人本身或许是知道这个原理的。

开动脑筋想一想

1. 如果小鱼从水底往岸上看，那么岸上的同学会显得更高还是显得更矮呢？

2. 看水中的物体有"变浅"的感觉，说明我们看到的并不是它真实的位置，那么它到底在哪个位置上呢？你能不能继续通过实验发现光的折射规律，准确判断出所看到的物体的位置呢？

9 绿树阴浓夏日长，
楼台倒影入池塘

为什么夏天的白昼时间长？

诗词赏析

"绿树阴浓夏日长，楼台倒影入池塘。"这句诗出自唐末将领高骈（pián）的诗作《山亭夏日》，全诗为：

绿树阴浓夏日长，楼台倒影入池塘。

水精帘动微风起，满架蔷薇一院香。

　　高骈在诗中描绘了一幅夏季来临，绿树浓荫，楼台的倒影映入池塘，满院飘满蔷薇芬芳的景象。在这首诗中，诗人高骈认为夏日的白天相对其他季节是最长的，让他很享受这悠闲的时光。

问题来了

夏季的白昼真的更长吗？如果是，这又是为什么呢？

　　在冬天时，我们好像是顶着星星去上学，又顶着星星放学回家。可是到了夏天，同样的作息时间，早上是迎着太阳出门，放学回家写完作业再出去，甚至天还没有黑。

如此看来，夏季白昼的时间好像确实比其他季节都要长，也比夜晚时间长。当然，证明这一点很简单，在不同季节记录一下白天的时长就可以知道了。有兴趣的话，你可以记录一年中，不同季节白天的时长，结果肯定是夏天白昼长。

可是，你有没有想过，这是为什么呢？会不会与地球的运动有关呢？

地球的两种转动形式：自转和公转

地球在太阳系中主要存在两种转动形式，一种是自转，一种是公转。地球在自转时，它会绕一条贯穿南北极的轴进行转动，这条轴称为地轴。地轴并不是真实存在的，它是我们根据地球自转的规律虚拟出来的一条长轴。地球在自转的同时，还会以近似于圆的轨道围绕太阳进行逆时针转动，这种转动形式称为公转。

如果能够模拟出地球的自转和公转，是不是就可以通过观察找到答案了呢？

现在，开始动手实验吧

扫码看实验

夏天白昼长和地球的转动有关系吗？接下来，让我们开始实验验证一下吧。

实验准备：

手电筒、4 个地球仪。

小 提 示

找架子架起手电筒，让它能够照到地球仪的中间位置，会使实验更好操作。

实验步骤：

确定一个观察点，可以是你的家乡在地球仪上的位置，也可以是任何你感兴趣的位置。

先让地球仪不倾斜，即地轴垂直于桌面，让地球仪一边自转一边围绕手电筒模拟绕太阳公转。观察地球处于春分、夏至位置时的白昼情况。

再将地球仪平放在桌面上，此时地球仪的地轴是倾斜的。

再次重复实验，看看这次地球在春分和夏至时白昼的长短有什么变化。

你发现了吗？在地球仪不倾斜时，观察点的昼夜长短在地球公转一周的过程中都是一样的，不会出现诗中 "夏日长" 的现象。而当地轴倾斜时，观察点的昼夜长短在地球公转一周的过程中确实不同。

科学小发现

　　由于地球始终倾斜着（相对于公转轨道平面，即黄道面）围绕太阳转动，因此太阳照射地球的情况也在发生变化。以我们所处的北半球为例。在一定区域范围中，太阳接近直射地球，地球的温度就会较高，这就是夏季，这个季节的白昼时间也会很长。

　　而冬季受到太阳直射的面积很小，地球温度变低，白昼时间就变得很短。白昼最长的那天，我们称之为"夏至"；白昼最短的那天，称之为"冬至"。

　　而且我们发现，地球公转时，还会经过两个特殊的位置，在这个位置时，地球上某地在一天中的昼夜长短刚好平分，我们称之为"春分"

和"秋分"。"春分""夏至""秋分""冬至"是我国二十四节气中重要的四个节气，也是我们划分四季的一种方式。

原来，因为地球是倾斜的，在围绕太阳公转的时候就产生了四季，且夏季时候，白昼时间是较长的，诗中描述的是事实。

开动脑筋想一想

1. 在北半球是夏天的时候，如果我们前往地球的南半球，你可能会看到什么样的景象？

2. 居住在赤道的人们观察到白昼长短又是怎样的？生活在南北极又会发现不一样的情况吗？

10 天势围平野，
河流入断山

河流真有"断山"的本事吗？

诗词赏析

  "天势围平野，河流入断山。"这句诗出自唐代诗人畅当的《登鹳雀楼》，全诗为：

迥临飞鸟上，高出世尘间。

天势围平野，河流入断山。

　　这首诗描绘了这样的情景：诗人站在鹳雀楼上望向远空，见飞鸟仿佛低在楼下，自己高瞻远瞩，眼界超出了人世尘俗。眼前的中条山脉西接华山，从鹳雀楼四望，天然形势似乎本来要以连绵山峦围住平原田野，但奔腾咆哮的黄河把山脉从中劈开，倾泻而下，浩荡奔去。

问题来了

河流真的有断开山脉的本事吗？

　　在诗人眼中，黄河之水能够断开中条山的山脉从中飞泻出去，虽然我们知道诗人这是为了抒发感情所用的一种写作手法，但湍流的水真有能断开山脉的本事吗？

鹳雀楼面前的中条山

　　历史上，鹳雀楼位于山西省永济市蒲州古城西面的黄河东岸，面对着中条山。中条山是喜马拉雅运动断裂隆起形成的山脉，构成中条山的岩石类型复杂，既有太古界的片麻岩、花岗岩，又有元古界的白云岩、大理岩、石英砂岩及火山岩，还有古生代石英岩及砂页岩和煤系地层。不同类型的岩石受到外力后呈现出千姿百态的自然形态，从而构成了闻名遐迩的中条山风景。

　　有的同学可能知道，水的流动有搬运作用，如果山体以土和碎石为主，很有可能被河水冲出一道口子，但鹳雀楼前的中条山是以各种岩石构成的主体，不会被轻易冲出一道口子。你或许又想到了用滴水穿石这个成语解释，除此之外，还有其他可能让岩石断开的办法吗？

现在，开始动手实验吧

扫码看实验

接下来，我们将会通过两个小实验来进行验证，看看水是否能够将坚硬的岩石断开。首先我们来做第一个实验。

实验准备：

塑料托盘、水、岩石2块、尺子、热熔胶、热熔胶枪（使用时注意安全）、密封袋、冰箱、记录单、笔。

实验步骤：

将盛有水的轻薄密封袋放在两块岩石的夹缝中，用热熔胶把两块岩石底部黏合在一起。

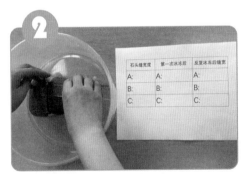

测量用肉眼识别的两块岩石缝隙较大（标注A）、较小（标注B）、适中（标注C）三处宽度并记录。

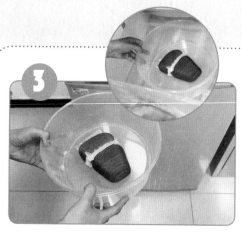

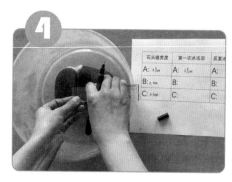

将黏合好的岩石放入冰箱里冷冻，待水结冰后取出。

测量第一次冰冻后岩石 A、B、C 处缝隙的宽度。

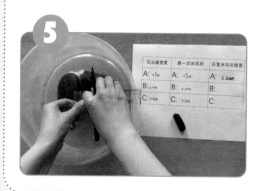

待保鲜袋内冰融化后，再次放入冰箱冰冻，重复以上操作步骤十次之后测量石缝 A、B、C 处宽度。

我们发现岩石块缝隙中的水会连同两侧的岩石一起遇冷冻结，水冻成冰后体积会增大，挤压两侧的岩石，岩石之间的缝隙就变大了。

石头缝宽度	第一次冰冻后	反复冰冻后缝宽
A: 0.9cm	A: 0.9cm	A: 1.2cm
B: 0.2cm	B: 0.2cm	B: 0.4cm
C: 0.4cm	C: 0.5cm	C: 0.7cm

根据实验结果，我们是不是可以试着推测，岩石年复一年地受冷热交替变化，加上内部水的不断冻融交替，就形成了断开的结果？

那么水是否真的具有这么大的力量呢？我们可以通过下面这个实验，感受一下。

扫码看实验

实验准备：

塑料盆、瓶盖扎有小孔的矿泉水瓶（装好水）、一小块玻璃、塑料杯。

实验步骤：

将塑料杯置于塑料盆中央位置，玻璃片平放在杯子上。

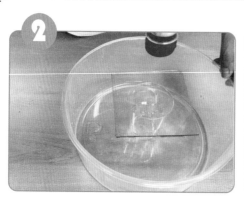

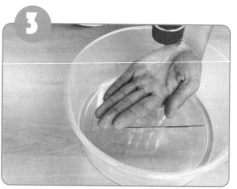

将矿泉水瓶中的水滴在玻璃片上，观察水滴落到玻璃片上的现象。

用手感受水滴的力量。

你感觉到了什么？看似柔和的水，在重力的作用下，也是拥有一定力量的。想想看，夏天玩滋水枪的时候，压力大的水枪把水滋到手上、身上的时候，是不是也有一定的疼痛感？

科学小发现

　　通过模拟试验，我们初步了解岩石在水的作用下也会被破坏。进入石缝的水在结成冰时，体积会发生膨胀，如此反复，久而久之就有可能导致岩石的崩解，其实这就是水对岩石的一种物理风化作用。

　　同时根据第二个实验，水在运动状态下还作为一种外力对岩石进行着破坏，甚至只是一滴滴水的不断撞击，也会对岩石造成影响。

滴水穿石的物理作用

　　水滴落在石头上，它们的接触面会形成密闭空间，随着水滴加速下落，使得这个空间快速被挤压，形成一个高压气泡，当这个气泡爆裂的时候，会产生一个比水滴撞击力量还要大很多的冲击力。石头上的一个点长期受到这样的冲击，必然会遭到破坏。

开动脑筋想一想

1. 滴水穿石还有一种作用属于化学作用，你能在查阅资料基础上尝试对此进行解释吗？

2. 山脉被从中断开，除了有水的作用这种可能外，还有什么因素会导致这样的情况发生呢？

11 君不见黄河之水天上来，奔流到海不复回

黄河水流进大海真的回不来吗？

诗词赏析

　　"君不见黄河之水天上来，奔流到海不复回。" 这句诗的意思是：你难道看不见那黄河之水从天上奔腾而来，波涛翻滚直奔大海，从不再往回流。诗句出自唐朝大诗人李白的《将进酒》，全诗如下：

君不见黄河之水天上来，奔流到海不复回。

君不见高堂明镜悲白发，朝如青丝暮成雪。

人生得意须尽欢，莫使金樽空对月。

天生我材必有用，千金散尽还复来。

烹羊宰牛且为乐，会须一饮三百杯。

岑夫子，丹丘生，将进酒，杯莫停。

与君歌一曲，请君为我倾耳听。

钟鼓馔玉不足贵，但愿长醉不愿醒。

古来圣贤皆寂寞，惟有饮者留其名。

陈王昔时宴平乐，斗酒十千恣欢谑。

主人何为言少钱，径须酤取对君酌。

五花马、千金裘，呼儿将出换美酒，

与尔同销万古愁。

　　这首诗是李白同两位好友岑勋（岑夫子）、元丹丘（丹丘生）在河南颍阳登高饮宴，远眺黄河，借酒兴诗情创作出来的。整首诗淋漓尽致、快意豪放地抒发了诗人内心的悲愤与骄傲。你能读懂这首诗的意思吗？

问题来了

黄河水流进大海里真的回不来了吗？

从文学角度来看，这句诗大气磅礴，势吞山河，但我们要是从科学角度分析，它是否正确合理呢？

前半句"君不见黄河之水天上来"，看似夸张浪漫，但若细细想来又合情合理。因为黄河发源于青海，黄河之水是从巴颜喀拉山的高原雪山上流下来的。那里地势极高，黄河上下游落差有 4000 多米，故可称从"天上来"。并且李白写此诗时身处的颖阳，属于黄河中下游区域。这里在暴雨之后，黄河容易泛滥成灾。故而李白会认为黄河之水主要来自降雨，是从天上来，也在情理之中。

后半句"奔流到海不复回",细细想来却会产生一些思考。黄河奔流入海,还有淮河、海河、长江、珠江等河流也都注入大海,这么多河水没完没了地往海里灌,既然"不再往回流",那为什么海里的水不会漫出来呢?它们都去哪儿了?这与"黄河之水天上来"有联系吗?

我们还可以试着思考一下,既然天上能"来水",那么海水是否也能到天上去呢?黄河之水"奔流到海可复回"吗?或许做完下面这个实验,这些问题就会找到答案。

现在，开始动手实验吧

扫码看实验

在接下来的实验中，我们将会模拟"黄河入海"后的过程，来研究一下自然界中水的循环过程。

实验准备:

湿度计、透明塑料盒、小碗、沙子若干、油性笔、保鲜膜、胶带、水、冰冻后的硬币若干。

实验步骤:

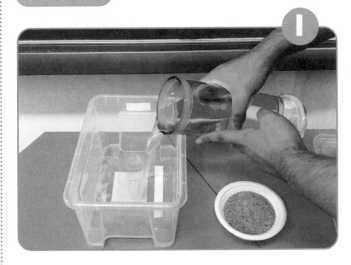

向塑料盒中倒入清水，水面不要超过小碗的高度，模拟海洋。

小碗里装入干燥的沙子并压实，放入塑料盒内一侧，模拟陆地。

小 提 示

放入小碗后可用油性笔在盒壁外侧标记出水面的高度。

将湿度计固定在塑料盒盖上，不要接触到水。

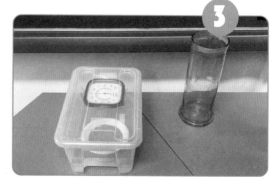

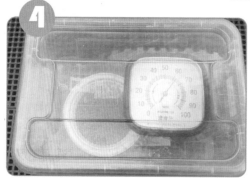

盖上盒盖用保鲜膜密封好并用胶带粘牢。然后将塑料盒放于阳光下照射（可用烤灯）。

静候一段时间，观察水面高度和湿度计的读数是否有变化。

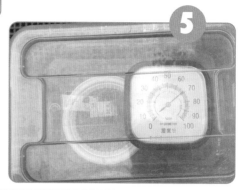

随着时间的推移，我们发现水面高度下降了。而此时，湿度计的数值升高了，同时你可能也会发现，在保鲜膜上结有一些水珠。

接下来将冰冻后的硬币平铺在塑料盒的盒盖上，继续观察。

移开硬币，你会看到塑料盒盖上结有更多的水珠，还会滴落进沙子中。

打开保鲜膜与塑料盒的盖子，检验小碗中的沙子是否变湿润了。

最后，你会发现一部分水变成了水蒸气，遇冷又变回了水，从而使沙子变湿了。这说明了什么？

　　一部分奔流入海的黄河水，可以在蒸发之后，通过降水的方式重新成为"天上来"的黄河水。原来黄河之水奔流到海"可"复回，只不过是用另一种方式回来。

　　其实，水在自然界是循环流动的，自然界中的水不会凭空消失或产生，它只会从一个位置转移到另一个位置，或者从一种形式转化为另一种形式。

开动脑筋想一想

1. 黄河之水有没有来自印度洋的成分？有没有来自大西洋、北冰洋的成分？

2. 在我国还有很多常年干旱的地区，也有大面积的沙漠，你有没有治理干旱的奇思妙想呢？

附：两小儿辩日

太阳离我们是早上近还是中午更近？

两小儿辩日这个故事出自《列子·汤问》，故事的原文是：

孔子东游，见两小儿辩斗，问其故。

一儿曰："我以日始出时去人近，而日中时远也。"

一儿曰："我以日初出远，而日中时近也。"

一儿曰："日初出大如车盖，及日中则如盘盂，此不为远者小而近者大乎？"

一儿曰："日初出沧沧凉凉，及其日中如探汤，此不为近者热而远者凉乎？"

孔子不能决也。

两小儿笑曰："孰为汝多知乎？

这个故事讲的是孔子到东方游历，看到两个小孩在为太阳到底是早晨离我们近，还是中午离我们近进行争辩。

一个小孩说："太阳刚出来时看着像车盖一样大，到了中午看着像个盘子，物体不都是离得远看起来小而离得近看起来大嘛？所以早晨的太阳离我们近。"

另一个小孩说："太阳刚出来时感觉寒冷，到了中午却像把手伸进热水里一样，不是离发热的物体近感觉热而离得远感觉凉嘛？所以中午的太阳离我们近。"

两个小孩都有自己的理由进行辩解，连孔子也不能判断他们的对错。你觉得他们谁的对呢？

到底是早晨的太阳离我们更近，还是中午呢？

"两小儿辩日"故事里，两个小孩用"近大远小"和"近热远凉"的规律来解释太阳离我们的远近，你认为合理吗？在我们继续探讨之前，先做个有趣的小测试吧。

图中的黄色圆点，哪个大哪个小？为什么？

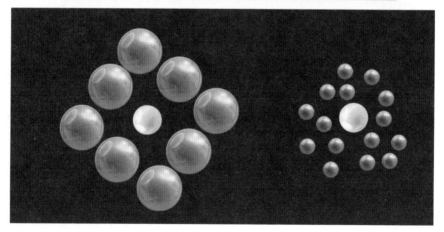

你可能觉得右边的黄色圆点更大，对不对？事实上，这两个黄色圆点是一样大的，看起来大小有差别，是因为放在比它大的圆点中显得小，而放在比它小的圆点中显得大。

　　第一个小孩用"近大远小"来描述早晨和中午太阳的不同，那么，早晨和中午的太阳是不是类似图中的黄点？

　　第一个小孩没有考虑早晨和中午太阳周围环境的差别，所以用"近大远小"的规律不能说明早晨和中午太阳离我们的远近不同。

　　第二个小孩用"近热远凉"来说明早晨和中午太阳离我们的远近不同，他忽略了一天之中太阳照射地面的角度是不同的。

现在，开始动手实验吧

扫码看实验

在接下来的实验中，我们将通过实验模拟太阳照射，来验证一下第二个小孩所说的"近热远凉"是否科学。

实验准备：

地球仪、暖灯、黑色铝片、温度传感器。

实验步骤：

1

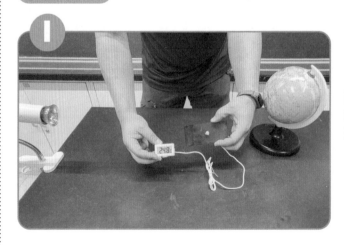

首先把温度传感器固定在黑色铝片的背面，再将铝片固定在地球仪上。

然后保持暖灯与地球仪固定的距离不变，分别直射和斜射铝片。

每隔 2 分钟记录一次传感器温度，比较传感器温度的变化。

模拟太阳发热的灯泡与地球仪距离保持不变，怎么测量的温度不一样呢？这是因为灯泡的光分别直射和斜射在地球仪相同位置，照射角度的变化，带来了温度的变化。

　　接下来，我们还可以调整灯泡和地球仪的距离，在距离近和距离远的情况下直射地球仪，看看温度会有哪些变化？

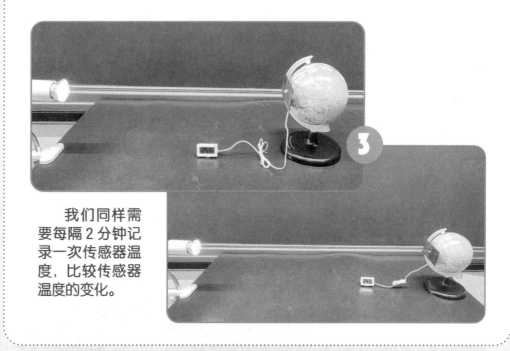

我们同样需要每隔2分钟记录一次传感器温度，比较传感器温度的变化。

　　模拟实验表明，不能因为感觉温度高，就断定太阳距离我们近；感觉温度低，太阳距离我们就远。

一天中太阳离我们是有远有近吗？

　　在同一天当中，对于地球的公转周期来讲是非常短的，这点变化比起公转轨道的平均半径约1.5亿千米来说微乎其微，所以说同一天太阳与地球的距离可以看成是一样的。

科学小发现

第一个小孩用"近大远小"来描述早晨和中午太阳的不同，其实是视觉的错觉。第二个小孩用"近热远凉"来说明早晨和中午太阳离我们的远近不同，其实是太阳直射地球比斜射温度高。

所以在"两小儿辩日"故事中，两个小孩对太阳一天中距离我们远近辩论所运用的论据，都不能证明一天中太阳离我们的距离有远有近。

但是严格说来，太阳和地球之间的距离确实有远近之分，只不过这个距离的差异相对太阳和地球之间的总距离是微不足道的。

1. 古籍《开元占经》中有这样一项记录，我国汉代用从早到晚注视太阳在水盆中影像的方法来观测太阳，既免疲劳之苦，又避阳光对眼之害。那么，如果像古人那样用水盆观测，太阳影像的大小会不会有变化呢？

2. 你还能想到什么办法，能够证明一天中太阳离我们的距离有远有近呢？你可以查阅资料，也可以借助天文观测仪器来观测。

《两小儿辩日》
林子晴（北京市东城区史家小学分校）

《天势围平野，河流入断山》
杜佳容（北京市东城区黑芝麻胡同小学）

《潭清疑水浅》
牛思齐（东城区史家实验学校）

《花气袭人知骤暖》
郝千墨（北京市东交民巷小学）